BEI GRIN MACHT SICH IHR
WISSEN BEZAHLT

- Wir veröffentlichen Ihre Hausarbeit,
  Bachelor- und Masterarbeit

- Ihr eigenes eBook und Buch -
  weltweit in allen wichtigen Shops

- Verdienen Sie an jedem Verkauf

Jetzt bei www.GRIN.com hochladen
und kostenlos publizieren

Anne-Marie Höpel

Der akustische Doppler-Effekt

GRIN Verlag

Bibliografische Information der Deutschen Nationalbibliothek:

Die Deutsche Bibliothek verzeichnet diese Publikation in der Deutschen National-
bibliografie; detaillierte bibliografische Daten sind im Internet über http://dnb.d-
nb.de/ abrufbar.

Impressum:

Copyright © 2012 GRIN Verlag GmbH
Druck und Bindung: Books on Demand GmbH, Norderstedt Germany
ISBN: 978-3-656-37685-9

Dieses Buch bei GRIN:

http://www.grin.com/de/e-book/190645/der-akustische-doppler-effekt

GRIN - Your knowledge has value

Der GRIN Verlag publiziert seit 1998 wissenschaftliche Arbeiten von Studenten, Hochschullehrern und anderen Akademikern als eBook und gedrucktes Buch. Die Verlagswebsite www.grin.com ist die ideale Plattform zur Veröffentlichung von Hausarbeiten, Abschlussarbeiten, wissenschaftlichen Aufsätzen, Dissertationen und Fachbüchern.

Besuchen Sie uns im Internet:

http://www.grin.com/

http://www.facebook.com/grincom

http://www.twitter.com/grin_com

Fachoberschule, Fachbereich Metalltechnik –

Klasse: M 11b

Der akustische Doppler – Effekt

Eine Ausarbeitung im Fachgebiet Physik

Verfasst von:

A. Hoepel

Inhaltsverzeichnis

1 Einleitung

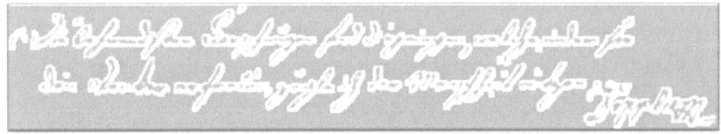

„Die lohnendsten Forschungen sind diejenigen, welche, indem sie den Denker erfreu'n, zugleich der Menschheit nutzen". Dopplers Wahlspruch in seiner Handschrift.

Diesen Wahlspruch konnte Christian Doppler 1842 schließlich auch mit der weltbildverändernden Entdeckung des Doppler – Effekts in die Tat umsetzten. Heute ist der Doppler – Effekt ein wichtiger Bestandteil unseres alltäglichen Lebens, der es uns ermöglicht die Geschwindigkeit von Flugzeugen, schnellen Autos und sogar klopfenden Herzen zu bestimmen.

Das entscheidende Experiment zum endgültigen Beweis des Doppler – Effekts wurde 1845 von dem Physiker Christoph Buys-Ballot mit Schallwellen durchgeführt. Schließlich wandte William Huggins den Doppler – Effekt auf Sternbewegungen an.

1848 wurde ebenso noch ein Doppler – Effekt für Lichtwellen entdeckt, in dieser Abhandlung soll sich allerdings auf die Erklärung des akustischen Doppler – Effekts beschränkt werden.

2 Begriffsklärungen

2.1 Die Welle

Eine Welle ist ein räumlich, zeitlich veränderliches Feld das Energie, jedoch keine Materie durch den Raum transportiert. Grundlegend wird eine Unterscheidung in mechanische Wellen, welche sich nur in einem Medium ausbreiten können und Wellen welche sich auch im Vakuum ausbreiten können getroffen. Zu letzuteren zählen beispielsweise elektromagnetische Wellen und Gravitationswellen.

2.1.1 Longitudinalwellen (Bild 1-3)

Als Longitudinalwellen werden Wellen bezeichnet, die parallel zur Ausbreitungsrichtung schwingen. Dazu zählen auch Schallwellen, welche sich in einem Gas oder einer Flüssigkeit ausbreiten.

3

2.1.2 Transversalwellen (Bild 1-1&2)

Diese Wellen schwingen senkrecht zur Ausbreitungsrichtung und können eine Polarisierung ausweisen. Hierzu gehören elektromagnetische Wellen und seismische Wellen.

2.2 Die mechanische Schwingung

Als Schwingung wird die periodische Bewegung eines Körpers um seine Gleichgewichtslage bezeichnet. Die Bewegung des meist zur Vereinfachung als Massepunkt dargestellten Körpers kann mittels sich zeitlich ändernder Größen wie Ort, Geschwindigkeit, Kraft oder Energie beschrieben werden.

3 Der Dopplereffekt bei mediumsgebundenen Wellen

3.1 Der akustische Doppler – Effekt

Sicherlich hat jeder sich schon einmal erlebt, dass sich eine bewegte Schallquelle auf Sie zu bewegt oder das Sie selbst sich mit hörerer Geschwindigkeit einer ruhenden Schallquelle nähern. In beiden genannten Fällen tritt dabei eine Frequenzänderung des gehörten Ton auf. Dieses Phänomen wird als Doppler – Effekt bezeichnet.

3.1.1 Bewegter Sender – Ruhender Empfänger (Bild 2,3)

Bewegt sich ein Sender, beispielsweise ein Krankenwagen mit eingeschalteter Sirene auf einen fest stehenden Beobachter zu, so wird die Zahl der sich in einer Sekunde vorbei bewegenden Schallwellen erhöht, deshalb hört dieser einen höher frequenten Ton, im Vergleich zu der Person, die bei dem Auto steht.

$$f' = f \; \frac{1}{1 - \dfrac{v}{c}}$$

wobei $f = \dfrac{1}{T}$; $\lambda = \dfrac{c}{f}$; $x = \dfrac{v}{f}$

c – Schallgeschwindigkeit (in Luft: 340 m/s)

f – Erregerfrequenz

f' – Dopplerfrequenz

x – Strecke der Senders

v – Geschwindigkeit des Senders

4

(f' − f) − Dopplerverschiebung (in diesem Fall immer positv)

3.1.2 Bewegter Empfänger – Ruhender Sender (Bild 3)

Wenn nun der Fall einer ruhenden Schallquelle und eines bewegten Beobachters betrachtet wird, beispielsweise das vorbei Fahren an einem Glockenturm, dann bleibt die Wellenlänge im Gegensatz zum vorherigen Fall, konstant. Es ändert sich lediglich, aus Sicht des bewegten Empfängers, die Ausbreitungsgeschwindigkeit.

3.1.2.1 Beobachter bewegt sich auf die Quelle zu

Bewegen sich Quelle und Beobachter aufeinander zu, steigt die Frequenz beim Beobachter.

$$V_{rel} = c + v$$

$$f' = f \frac{c + v}{c}$$

V_{rel} - Geschwindigkeit mit der sich der Empfänger auf die Quelle zu bewegt

c – Schallgeschwindigkeit (in Luft: 340 m/s)

f – Erregerfrequenz

f' – Dopplerfrequenz

3.1.2.2 Beobachter bewegt sich von der Quelle weg

Bewegen sich Quelle und Beobachter voneinander weg, sinkt die Frequenz beim Beobachter.

$$V_{rel} = c - v$$

$$f' = f \frac{c - v}{c}$$

V_{rel} - Geschwindigkeit mit der sich der Empfänger von der Quelle weg bewegt

c – Schallgeschwindigkeit (in Luft: 340 m/s)

f – Erregerfrequenz

f' – Dopplerfrequenz

4 Der Dopplereffekt bei nicht mediengebundenen Wellen

Nicht an Medien gebundene Wellen oder auch elektromagnetische Wellen genannt, beispielsweise Lichtwellen oder Mikrowellen, haben vorallem bei Messungen den

Vorteil, dass sie keinerlei Anfälligkeit gegenüber Störeinflüsse aus der Umgebung ausweisen. Bei elektromagnetischen Wellen spielt es keine Rolle, ob sich der Sender oder Empfänger bei variabler Frequenz und fixer Ausbreitungsgeschwindigkeit bewegt, da diese nicht an ein Medium gebunden sind.

Dieser Effekt wird auch als der relativistische Doppler – Effekt bezeichnet.

Bemerkenswert ist, dass beim relativistischen Dopplereffekt, im Gegensatz zum Doppler-effekt bei mediengebundenen Wellen, ein transversaler Dopplereffekt auftritt.
Auch wenn die Geschwindigkeitskomponente genau senkrecht zur Verbindungslinie von Sender und Empfänger verläuft, findet eine Frequenzverschiebung statt.

5 Anwendungen

5.1 Die Geschwindigkeitsmessung der Polizei mittels Radar (Bild 4)

Die Anlage erhält ihre Daten von einer Radarsonde, die die elektromagnetischen Wellen aussendet und gleichzeitig die an den Fahrzeugen reflektierten und durch den Dopplereffekt gestauchten bzw. gestreckten Wellen wieder empfängt. Die Welle wird aber nur durch so genannte Tripelspiegel, an den Ecken und Kanten des Fahrzeugs und durch Streuungen, die bei der Reflexion an der Karosserie mit auftreten, direkt zur Antenne zurückgeworfen.

Die Antenne leitet das empfangene Signal weiter an die zentrale Steuereinheit. Diese berechnet mittels eines Digitalrechners über die für die Reflexion ermittelte Gleichung Richtung und Geschwindigkeit des Fahrzeugs. An die Steuereinheit sind noch eine Kamera mit Blitzgerät und ein Bedienungsgerät mit sämtlichen Anzeigen angeschlossen.

Die Anlage kann sowohl im Freien auf einem Stativ als auch fest in einem Fahrzeug installiert werden. Allerdings muss sie immer unter demselben Winkel von 22° zur Fahrtrichtung aufgestellt werden.

5.2 Utraschalltechnik (Bild 5)

In der Medizin findet der Dopplereffekt Anwendung in Bezug auf bewegte Ziele in der Ultraschalldiagnostik. Der Schallwiderstand ist das Produkt der Schallgeschwindigkeit im Medium und der Dichte des Mediums. Die dopplersche Methode nutzt, wie auch die normale Ultraschalldiagnostik die Reflexion, die durch kleine Unterschiede dieses Schallwiderstands an seinen Grenzflächen entsteht. In der normalen Diagnostik werden diese Reflexionen nur zur Bestimmung der Grenzflächen unterschiedlicher Medien genutzt. Das Doppler-Prinzip ermöglicht es aber auch, über eine Messung der empfangenen

Frequenz, anhand der Gleichung , die Geschwindigkeit der reflektierenden Ziele darzustellen. Dies geschieht mit Hilfe eines Mikrochips, der die kontinuierlich empfangenen Frequenzen in Geschwindigkeiten umrechnet. Allerdings können auch hier nur Geschwindigkeitskomponenten festgestellt werden, die in bzw. gegen die Ausbreitungs-richtung der Welle weisen.

Die Geschwindigkeitswerte können, je nach den Erfordernissen der Anwendung auf unter-schiedliche Art und Weise umgesetzt werden. Für die Blutdruckmessung werden sie meist in akustische Impulse umgesetzt, die der Arzt dann abhören kann. In den meisten anderen Gebieten werden die Messwerte auf Bildschirmen visuell dargestellt. So findet diese Methode noch Anwendung bei der Diagnostik von Venenerkrankungen und Thrombosen, der Untersuchung von Durchblutungsstörungen in den Extremitäten und der frühen Erkennung fetaler Herzaktionen bei der Geburtshilfe.

6 Fazit

Nach Beendigung der Ausführungen über das gewählte physikalische Thema sind wir zu dem Schluss gekommen, dass jeder fast täglich den akustischen Doppler – Effekt wahrnimmt, wenn auch nicht bewusst. Er hat ebenso den Grundstein für ein paar sehr wichtige physikalische Errungenschaften gelegt und ist somit aus unserem Alltag nicht mehr weg zu denken.

Ebenso wäre es noch interessant gewesen den optischen Doppler – Effekt und seine physikalischen Prizipien zu beleuchten, dies hätte allerdings den Rahmen der Arbeit von maximal 10 Seiten gesprengt.

Der Entdecker des Doppler – Effekts blieb mit seiner Erkenntnis lang nahezu unbeachtet und angefeindet. Erst jetzt in der Neuzeit wurde dieser Effekt immer wieder für neue alltägliche Dinge ausgenutzt.

Sogar sein berühmter Physikkollege Albert Einstein sagte 1906 anerkennend in Bezug auf den Dopplereffekt: „No matter what shape the theory of elektromagnetic processes should take, the Doppler Principle [...] will remain in any case."

7 Quellen – und Literaturverzeichnis

7.1 Internetquellen

http://www.jgiesen.de/astro/stars/DopplerEffekt/

http://www.leifiphysik.de/web_ph11/umwelt-technik/12dopplereffekt/phaenomen.htm

http://www.hausarbeiten.de/faecher/vorschau/103449.html

http://benjamin-fries.de/hp/dls/facharbeit_dopplereffekt.pdf

http://sneaker.cfg-hockenheim.de/referate/inhalt/doppler/index.html

http://de.wikipedia.org/wiki/Dopplereffekt

7.2 Bildnachweis

http://www.leifiphysik.de/web_ph11/simulationen/11doppler/doppler.gif

http://www.jgiesen.de/astro/stars/DopplerEffekt/gifs/f1f2_empf.gif

http://de.wikipedia.org/w/index.php?title=Datei:Wellen.svg&filetimestamp=20070324094339

http://benjamin-fries.de/hp/dls/facharbeit_dopplereffekt.pdf

7.3 Buchquellen

Meyers Enzyklopädisches Lexikon; Band 7: Div - Eny und 2. Nachtrag; Lexikonverlag; Mannheim 1973; Bibliographisches Institut AG [8] F. Pedrotti, L. Pedrotti, Werner Bausch, Hartmut Schmidt; „Optik - Eine Einführung"; 1. Auflage 1996; Prentice Hall

Tipler, Paul A.; „Physik"; 2. Korrigierter Nachdruck 1998 der 1. Auflage 1994; Spektrum akademischer Verlag Heidelberg - Berlin [10] Meyers Lexikonverlag in Zusammenarbeit mit Prof. Dr. Klaus Bethge; „Schüler Duden - Physik"; 3., überarbeitete und ergänzte Auflage 1995; Bibliographisches Instiut & F.A. Brockhaus AG Mannheim

Focus Online; „Brillante Kompetenz"; Website http://www.focus.de/F/FC/FCH/fch.hmt?para=?-showt:client/focus/focus/j1995/q1/m01/t16/s119/ 001_001.dcs; 18.03.2001

8 Abbildungsverzeichnis

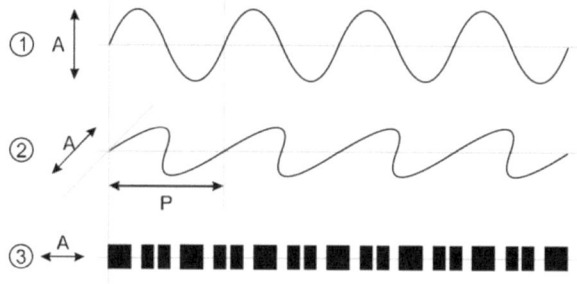

Bild 1

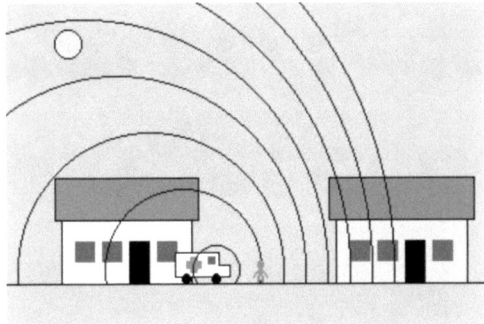

Bild 2

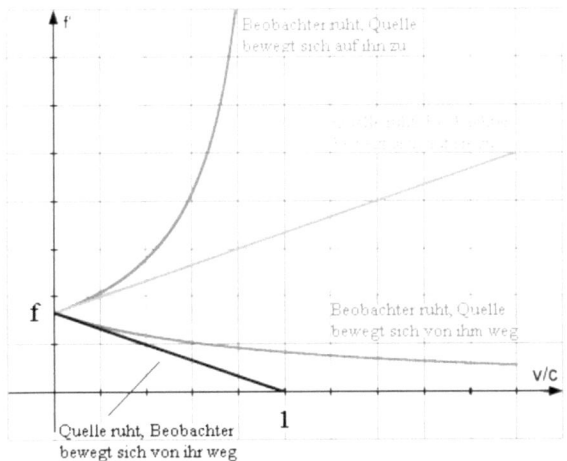

Bild 3

Bild 4

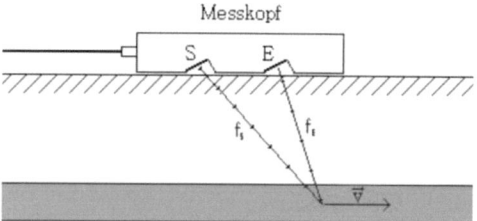

Bild 5